もりのこびとの　くりのすけとあんずは　くりのきばやしに
ことしも　たくさん　おちた　くりひろいに　いきました。
「わあ、あるある、くりのすけおにいちゃん、すごいねえ」
「ほんとに　たくさん　おちてるなあ！」
ふたりは　さっそく　くりひろい。
いがを　あしでふんで　ひっかけぼうで　なかのくりを　とりだします。

しばらくすると、ふたりとも じぶんのせおってきた
バスケットがいっぱいになりました。
「あんず、もう いいよ」
「たくさんとれたねえ」

ふたりは そうげんで ふうっとひとやすみ。
「おにいちゃん、やまのたけるくんにも おくってあげようよ」
やまのたけるくんとは やまにすんでいる こびとで ふたりのともだちです。
「そうだね。それはいいね」

「じゃあ、わたしは6こ」

「ぼくは7こ」

ふたりは ひろったくりをだしあって くりのすけがぱちんと ゆびをならすと たちまち くりのはいった こづつみのできあがり。

「じゃあ、おにいちゃん、おてがみも つけようよ」

「そうだね」

くりのすけがもういちど ぱちんとゆびをならすと かみと ふうとうと ペンが でてきました。

もりのこびとは ほしいものをだせる まほうをつかえるのです。

あんずは まだちいさいので つかえません。

「さあ、かくよ。"たけるくん、げんきですか。ぼくとあんずで　くりを　たくさんひろったので、たけるくんにも　おくります。ぼくが７こ、あんずが６こ、ぜんぶで・・・"あれれ？」

「どうしたの？　おにいちゃん？」

「えーっと　７こと６こ、あわせると　なんこなんだ？　わかんない！」

「こまったなあ、じゃあ、もりのようせいの
　りんちゃんに　たすけてもらう?」
「うん、そうしよう!
　りんちゃん　ちょっときて!」
くりのすけがそういいながら
ゆびをぱちんとならすと、
きらきらひかるはねをつけた
りんちゃんがあらわれました。
「なにかよう?」

「あのね、おにいちゃんが てがみを かいているんだけど 7こと 6こで いくつになるか わからなくなっちゃったの」

「え？ どういうこと？」

「つまり、7＋6の こたえが わからないんだ」

「ふーん、それじゃ、たいるのくにへいって おしえてもらえば？」

「たいるのくに？」

「そこにいくと けいさんなら なんでもできちゃうんだって！」

「おねがいしまーす」

「じゃ、つえをふるわよ。 ふたりとも てをつないでいてね」

りんが つえを ふたりのまわりに くるりとふりました。

ほしくずが きらきらこぼれて、ふたりは まっしろな きりのなかへ。

きがつくと そこは たいるのくにでした。
おおきないえが なんけんもたっていて
ちいさなしかくや おおきくながいしかくの
たいるたちが、いそがしくはたらいています。
いえには「たしざんハウス」とかんばんが
かかっていました。
いえのまえには もんだいをうけるガイドたちが
ひとりずついます。

「いらっしゃいませ。ぼくは
ガイドのナビタです」

「さあ、7+6は いくつなのか きいてごらんなさい」
「あのう、ガイドさん 7+6をおしえてください」
「おまかせください！ たしざんハウスにどうぞ！
　1のたいると 5のたいる、しごとがはいりました。7+6です！」
「はーい」

　いえの 3かいには 1のたいる 2こと
5のたいる 1こが あがって7になり
2かいには 1のたいる 1こと 5のたいる
1こが あがって6になりました。

「くりあがり ようい！」
「はーい」

9

7にも5があり
6にも5があるので

5のたいるたちは
3かいからも

2かいからも
エレベーターに
のりました。

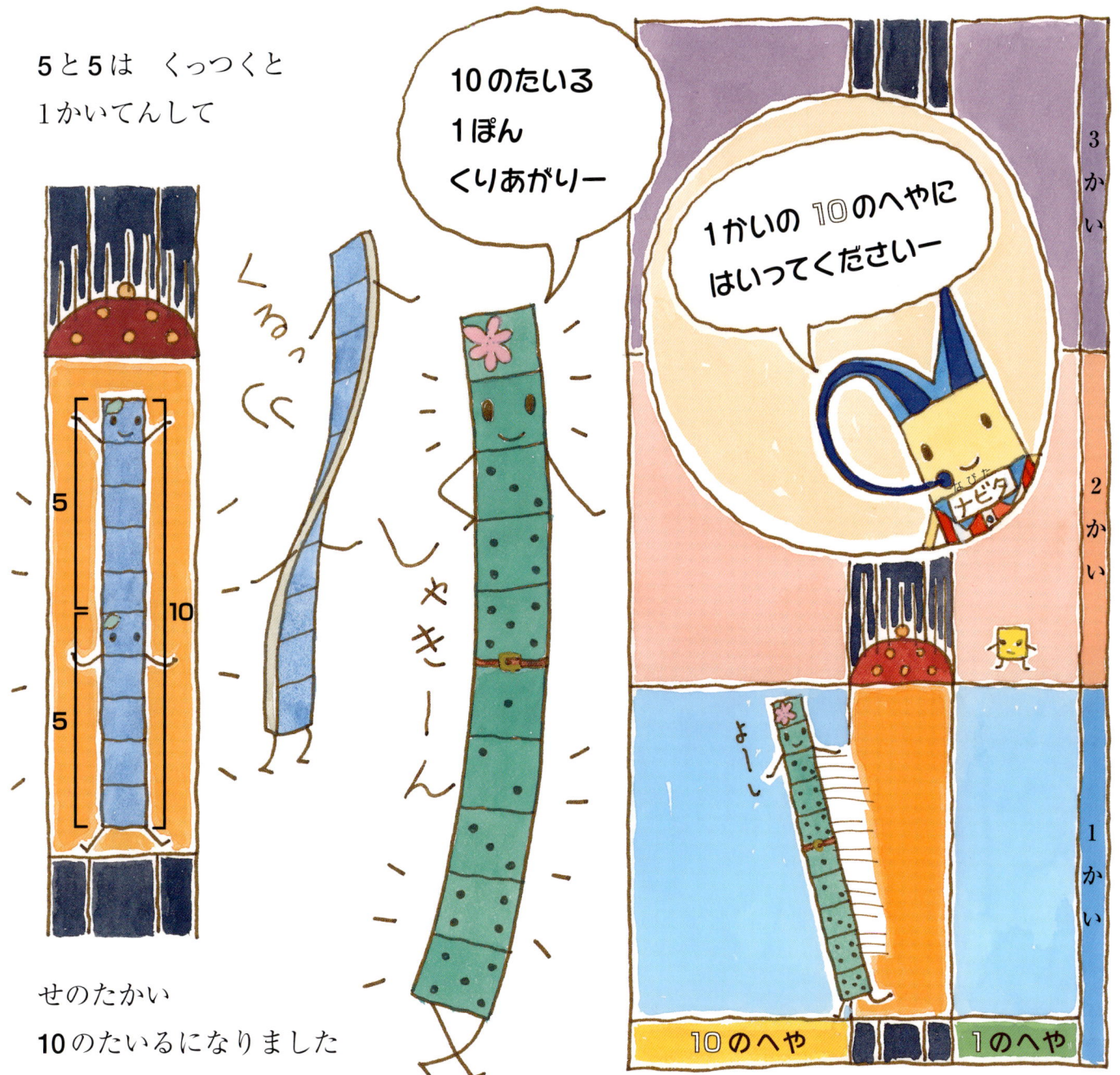

🐱「のこっているたいる　ようい！」
👾「はーい」

　3かいにのこっていた　1のたいる 2こと
　2かいにのこっていた　1のたいる 1こも
　エレベーターにのって　くっつきました。

👹「エレベーターのなかで
　　くっついて　こたえになるんだ」
👧「くっついて　1かいまできたよ、
　　おにいちゃん」
🐱「1のへやにはいってくださいー」
👾「はーい」

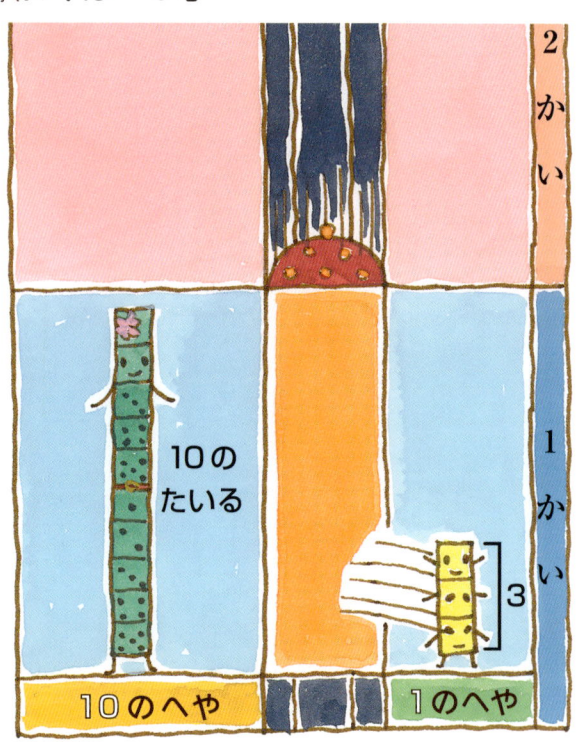

👹「1かいのたいるが　こたえなんだ。
　　10のたいる 1ぽんと　1のたいる
　　3こだから　7＋6は 13だ」

「りんちゃん　ありがとう！」
「よかったわね。じゃ、かえるわよ。
　また　てをつないでね」
りんが　ふたりのまわりで
まほうのつえをまわすと　ふたりは
しろいきりのなかにはいり、
もりへかえっていきました。

「さあ、てがみのつづきをかくぞ」
「おにいちゃん、たいるで
　7+6が13になったことも
　おしえてあげれば」
「そうだね。それも
　てがみにかいておこう」

10のへや	1のへや
	7 ²
	⑤
たす +	⑤ 6 ¹

👧「りんちゃん、たすけてー」
🧚「あらあら　たいるでやった
　　ように　かんがえたら？」
👧「えーと、7はたいるだと　5と2」
👧「6は5と1よ」

ふたりは　しきのよこに
ちいさく　すうじをかきました。

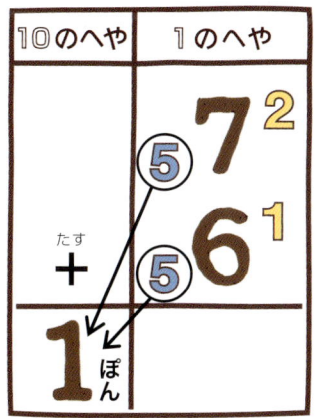

10のへや	1のへや
	7 ²
	⑤
たす +	⑤ 6 ¹
1 ぽん	

🧚「どれとどれが　くっついたっけ？」
👧「5と5だ！」
👧「5と5で10」
🧚「10ってかくの？」
👧「たいるだと　10のたいるが
　　1ぽんだから、1ぽんくりあがりだ！」

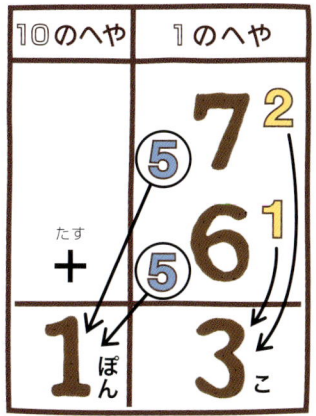

10のへや	1のへや
	7 ²
⑤	
たす +	⑤ 6 ¹
1 ぽん	3 こ

👧「10のへやに1ぽんくりあがり
　　だから、10のへやに
　　1とかくんだね」
👧「のこりの2と1で3だ。
　　3は1のへやにかけば‥」
👧「13になったー！」

「ね、たいるでかんがえれば　すうじでも
　できちゃうでしょ！」
「たいるでかんがえれば　よくわかる！」
「そうだ、てがみに　すうじのしきも
　かいといてあげよう！」
こうして　ふたりは　よろこんで　てがみをかいて
たけるくんに　おくったのでした。

なんにちか すぎました。
やまのたけるくんから へんじがきました。

「ええー！たけるくん、もんだいおくってきたよ」
「4+7って‥おにいちゃんわかる？」
「4は たいるだと 5のたいるはない。7は5と2で5があるけど…」
「5と5で10にできないよ。あれ、どうすればいいのかな？」
「こまった！ また りんちゃんに
　たいるのくにへ つれてってもらおう！」

こうして ふたりは また りんちゃんに
たいるのくにへ つれていってもらいました。
たいるのくにについて また
たしざんハウスにいきました。
「あのう、ナビタさん、また おねがいします」
「おまかせください。もんだいをどうぞ！」
「4+7 です」
「たいるたち、しごとがはいりましたー。
4+7 です」
「はーい」

3かいには 1のたいるが 4こあがって
4になり、2かいは 5のたいる1こと
1のたいる 2こがあがって 7になりました。

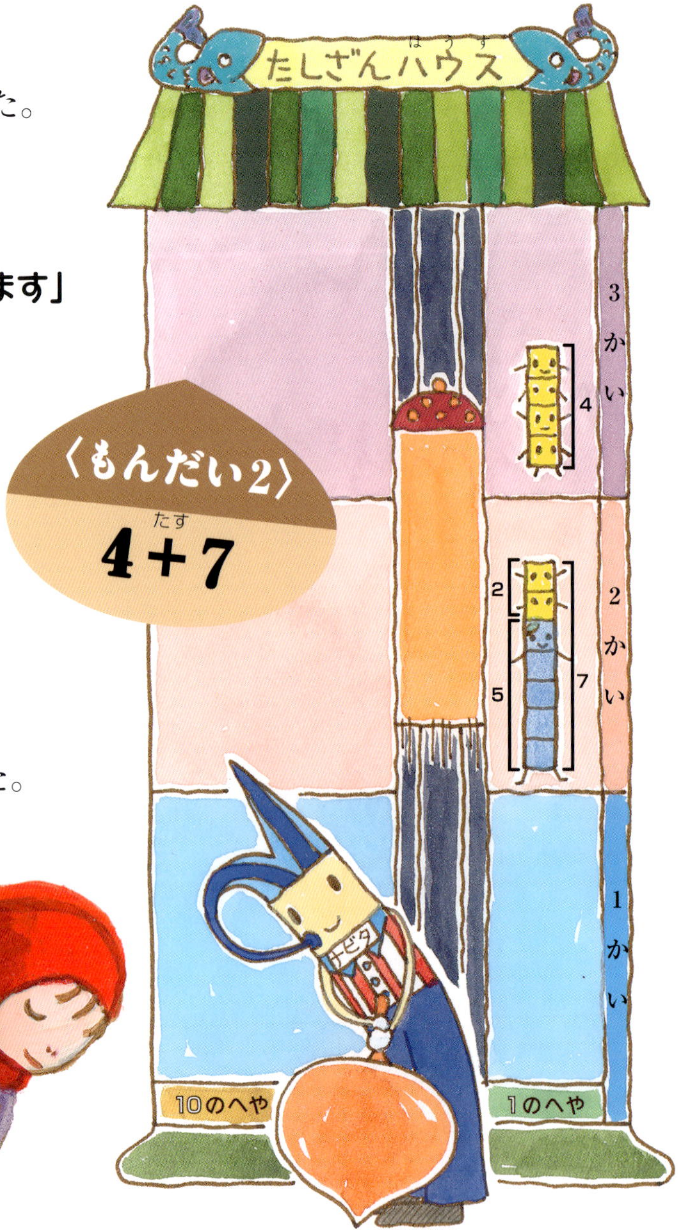

「4には 5のたいるがないのに どうやって 10になるんだろう?」

「おにいちゃん、みてみて。1のたいる4こから 3こだけ エレベーターに のったよ!」

「くりあがり じゅんび」

「あっ、2かいの7が エレベーターにのるぞ!」

「あっ、みんなが くっついて 10になったよ、 おにいちゃん!」

「7は5と2で その2に3がついて5。 だから5と5で10だ!」

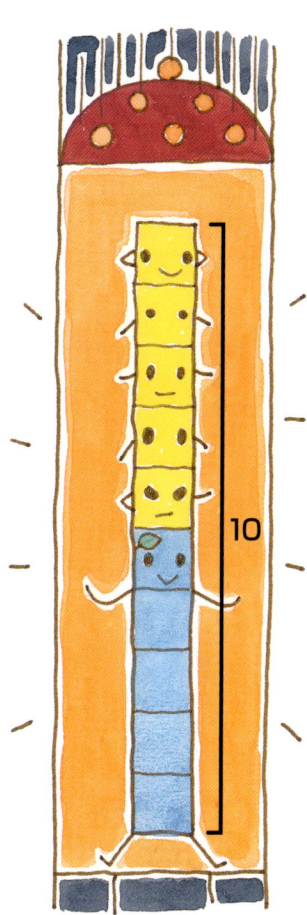

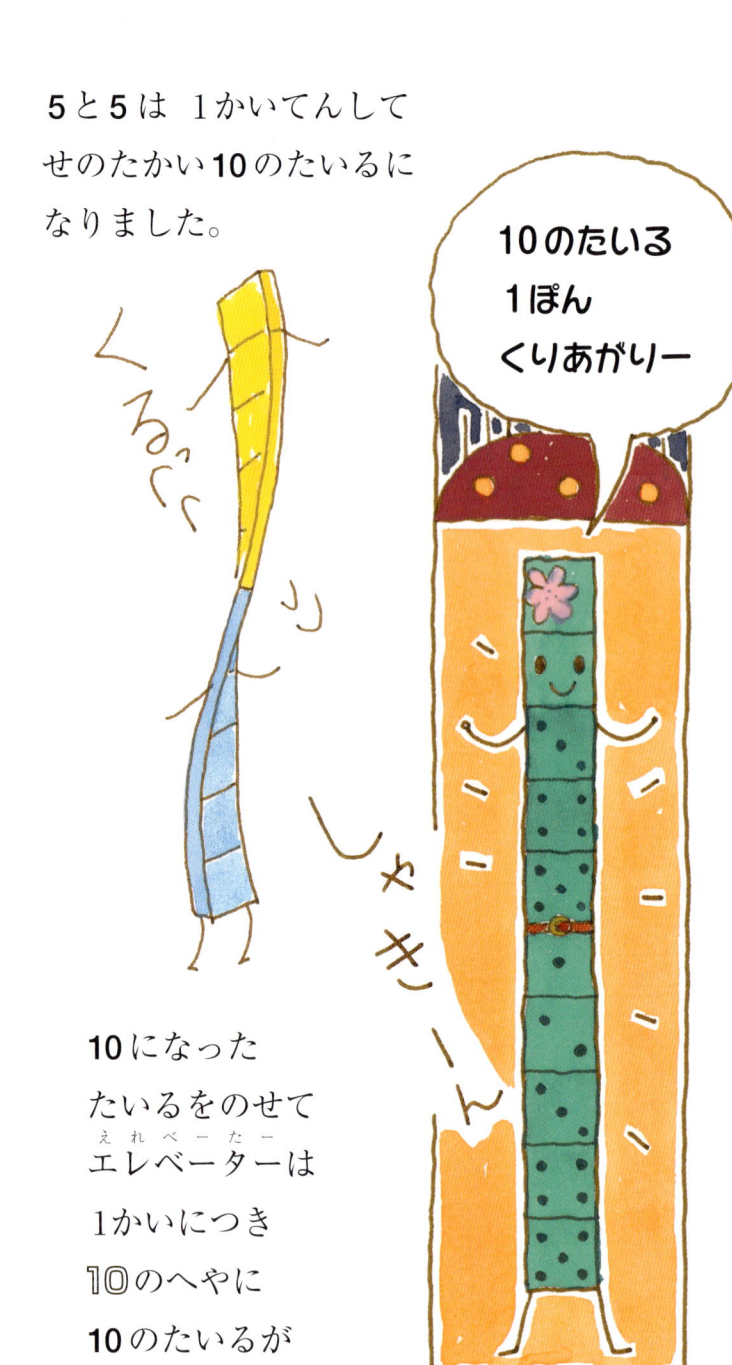

5と5は 1かいてんして
せのたかい10のたいるに
なりました。

10になった
たいるをのせて
エレベーターは
1かいにつき
10のへやに
10のたいるが
はいりました。

「10のたいる 1ぽん くりあがりー」

「10のへやに はいってくださいー」

エレベーターは まだ2かいに のこっている
1のたいるひとつを むかえにいき、
エレベーターにのせて 1かいの 1のへやまで
いきました。

「わかった！ こたえは11だ」
「5のたいるが ふたつなくても
　1のたいるで 5をつくればいいんだね」

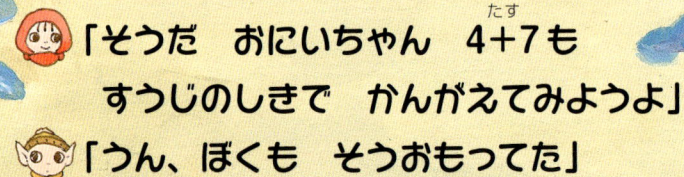

「そうだ おにいちゃん 4+7も
すうじのしきで かんがえてみようよ」
「うん、ぼくも そうおもってた」
ふたりは かおをつきあわせて やりはじめました。

「まず、4には5がないけど
7は5と2だね」
7のところに ちいさく
5と2と かきました。

「その2のところに 4から
3とって くっつけたのよ」

「4から3とったら
のこりは1だね」

くりのすけは 4をけして
1とかき 7のところへ
やじるしをして
3とかきました。

「3と2で5よ!」
まるでかこんで
くっつけました。

てがみを ポストにいれにいった かえりみちのことです。
「ねえ、おにいちゃん、4+7って まだ やりかたがあるんじゃない?」
「えーっ?」
「だって 5がないときは 5をつくればいいんでしょ」
「4を5にすればいいのかな」
「たしざんハウスで やってみれば?」
　ふたりは また りんちゃんに たいるのくにへ つれていってもらいました。

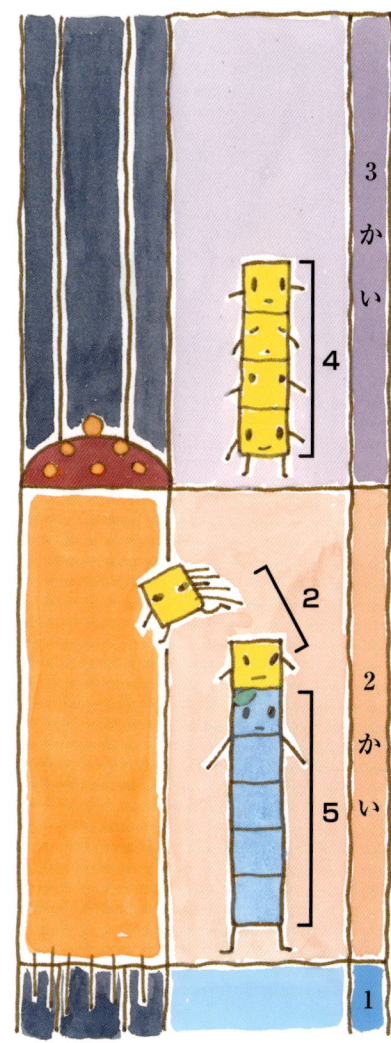

3かいに4 2かいに7がはいりました。3かいの4はそのままで 2かいの1のたいる2こから 1こだけエレベーターにのりました。

1のたいる1こはエレベーターにのって3かいの4ものって5のたいるにへんしんです！

へんしんした5のたいるはエレベーターで2かいにおりました。こんどは 2かいにいた5のたいるがのります。

27

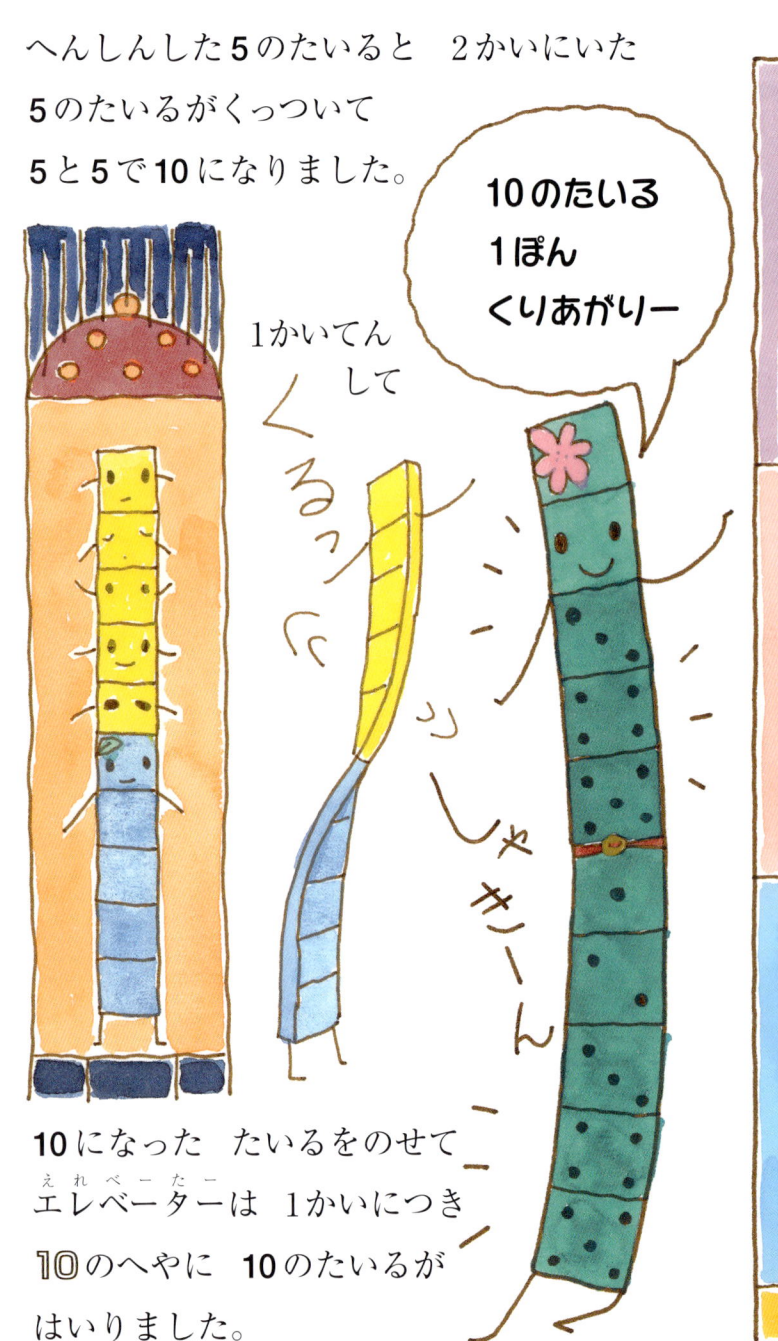

へんしんした5のたいると　2かいにいた
5のたいるがくっついて
5と5で10になりました。

1かいてん
して

くるっ

しゃきーん

10のたいる
1ぽん
くりあがりー

10になった　たいるをのせて
エレベーターは　1かいにつき
10のへやに　10のたいるが
はいりました。

10のへやに
はいってくださいー

3かい

2かい

1かい

10のへや　　1のへや

28

エレベーターが あがって
のこっていた 1のたいるをのせて
1かいに おりました。
こたえの 11のかんせいです。

「わー やったー」
くりのすけとあんずは
だいはくしゅです。

「たいるさん ありがとう!」
ふたりは もりへと
かえっていきました。

「さっきやった やりかたと くらべてみれば?」

くりのすけとあんずは もう1まいに さっきの やりかたをかいて くらべてみました。

「たしざんって いろいろなやりかたが ありそうね」
「うん、でも 5+5で 10にするっていうのは おなじだね」
「10になったら 10のたいる1ぽんになる」
「1ぽんになったら 10のへやにはいる」
「10のたいる1ぽんくりあがり!」
「これが くりあがりのある たしざんよ」

「ねえ、このことを　やまのたけるくんに　おしえてあげよ!」
「うん、そうしよう」
「おてがみじゃなく、やまにいって　はなしてあげようよ!」
「うん、それはいいね!」
「だったら、わたしが　くりあがりのあるたしざんを
　　もっと　おしえてあげる!」
「がんばるぞ!」

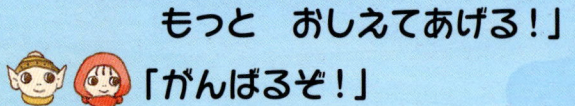

〈もんだい3〉
7 たす 5

さあ、えんぴつをもって！
みんなも いっしょに
やってみよう。

❶ 7は5と2だね
ちいさく
5と2とかこう

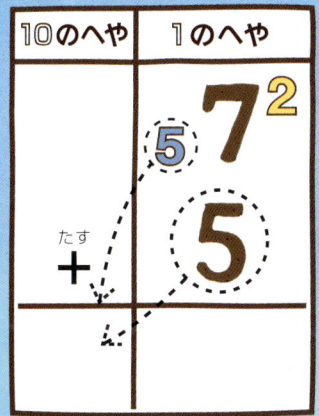

❷ 5と5で
10のへやに
やじるしをかく

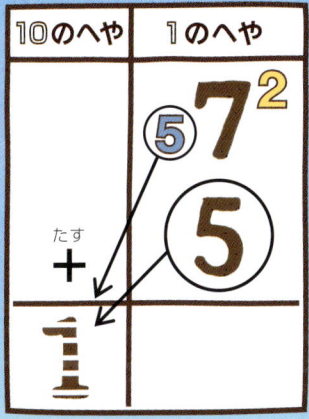

❸ こたえの
10のへやに
10のたいる
1ぽん
くりあがりだよ！

❹ のこっている2は
1のへやにかくよ
こたえは12だね

〈もんだい4〉
7+9

❶ 7は5と2
9は5と4
ちいさくかこう

❷ 5と5で10のへやに
やじるしをかく

❸ 10のへやに
10のたいる1ぽん
くりあがり！

❹ 2+4はいくつ？
こたえを
1のへやにかこう
こたえは16だね

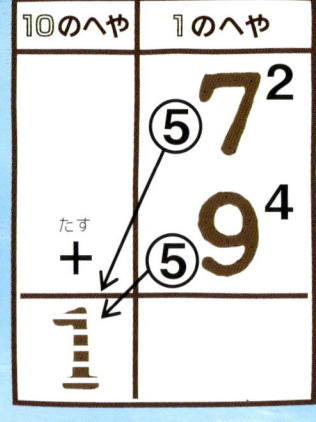
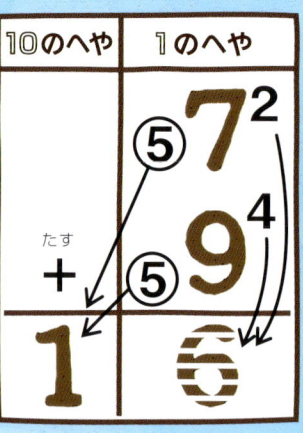

〈もんだい5〉
たす
7＋3
その1

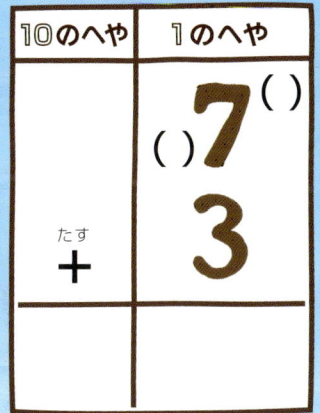

❶ 7は5と2
3には5がないね
7のところに ちいさく
5と2をかくよ

❷ 2のところに
3をあげて
5にするよ
3は0になるね

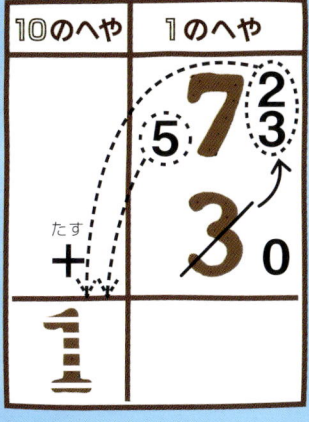

❸ 5と5で10のへやに
やじるしをつけて
10のへやに
10のたいる1ぽん
くりあがり！

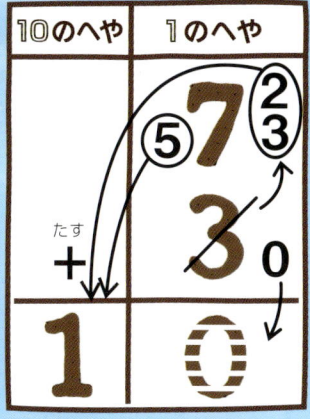

❹ 3から3あげたら
のこりは0だね
1のへやに
0とかくよ
こたえは10だね

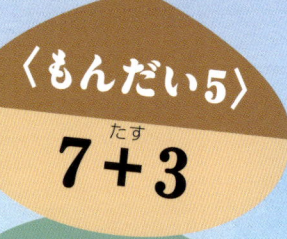

〈もんだい5〉
7+3
その2

7+3には
もうひとつ
やりかたがあるよ

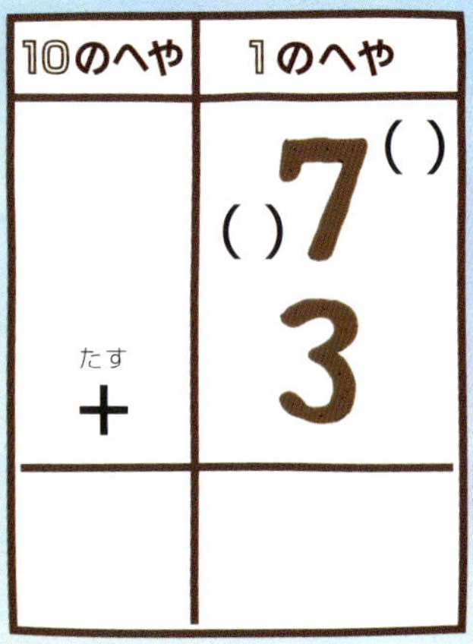

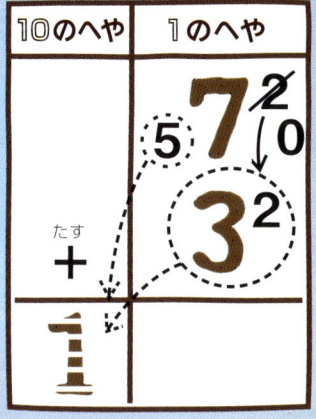

10のへや	1のへや
	( )7( )
たす +	3

❶ 7は5と2
3には5がない
7のところに
ちいさく5と2をかくよ

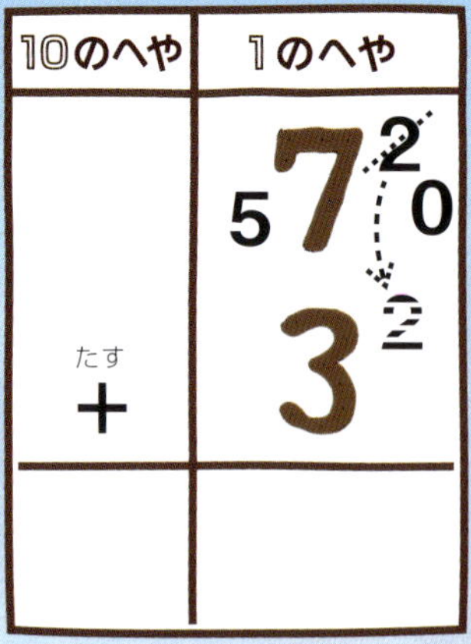

❷ 3のところに
2をあげて
5にするよ
2のところは
0になるね

❸ 5と5で10のへやに
やじるしをつけて
10のへやに
10のたいる1ぽん
くりあがりだ！

❹ 2から2あげたから
のこりは0だね
1のへやに
0とかくよ
こたえは10だね

ふたりは こうして くりあがりのある たしざんのもんだいを
いろいろなやりかたで こたえをだすことができました。

「よくがんばったわね。くりあがりのある たしざんの
　ときかたは これで ぜんぶおわりよ」
「やったー」
「もう どんなもんだいも へいきなの？」
「どんなもんだいも だいじょうぶよ」
「よかったねー」

この本を書いた人から　おとなの人へ

　数をどう教えるかについては、昔からあるやり方としてものを1、2、3、4と数えて唱える方法があります。
　これは、ものに順番をつけるので「順序数」といいます。
　しかし、これではたし算は「数えたし」、ひき算は「数えひき」になり、演算の意味を教えるには、適当ではありません。
　演算は量の計算として、量をイメージできるものが必要です。
　それが、具体物と数をつなげる半具体物になる正方形のタイルです。
　タイルのメリットは結集性です。おはじきや数え棒ではつなげてもすき間が残りますし、ひとまとまりにして大きさを表すこともよくできません。タイルは、タイルどうしがピッタリとくっつき、5や10といった数の大きさもかんたんに表せます。
　5のタイルも1が5こ集まって5のタイルとなることで、6～9までの数を6は5と1、7は5と2、8は5と3、9は5と4と、計算にやさしいタイルにできます。
　5と5で10にする方法は、「5-2進法」とよばれています。
　子どもがわからなくなる「1くりあがり」は、タイルでは「10のタイル1本くりあがり」と、1が10集まって1本の「10のタイル」になることで、無理なく理解させることができます。
　タイルを使って、丸暗記ではない、意味に基づく計算をぜひやらせてみてください。

石井孝子 いしいたかこ 文

1950年千葉県生まれ。1972年より東京都の小学校教諭となり、数学教育協議会で算数の実践研究を続ける。
2010年、八王子市立由井二小を最後に退職、現在は、桐朋小学校算数講師。
最近の著書は『数学再挑戦』(共著・日本評論社)、『たし算とひき算』(日本標準)。
そのほか、『数学教室』(国土社)、『算数教育』(明治図書)、『edu』(小学館)などの教育誌に多数執筆。
趣味は、旅行、芝居見物、デパート巡り。

高橋由為子 たかはし ゆいこ 絵

1958年東京生まれ。多摩美術大学大学院修了。海を見晴らす家で、仕事のかたわら野菜とハーブを育てている。
児童書『海べの町のたぬきともだち』(ベネッセ)、『セイリの味方スーパームーン』(偕成社)、
挿絵『ジェンダーフリーの絵本1 こんなのへんかな?』『学校のトラブル解決シリーズ2 うわさ・かげぐち』
(大月書店)、『コンビニ弁当16万キロの旅』(太郎次郎エディタス)、『たのしい野菜づくり 育てて食べよう』
全10巻(小峰書店)、コミック&エッセイ『バリ島晴ればれ絵日記』(河出書房新社)など。

かならずわかる さんすうえほん[低学年①]
くりあがりのあるたしざん

定価はカバーに表示してあります
2010年10月20日 第1刷発行　2019年4月1日 第2刷発行
著者　　石井孝子・高橋由為子
発行者　中川進
発行所　株式会社大月書店
　　　　〒113-0033
　　　　東京都文京区本郷 2-27-16
　　　　電話（代表）03-3813-4651　FAX 03-3813-4656
　　　　振替 00130-7-16387
　　　　http://www.otsukishoten.co.jp/
デザイン・DTP　岩永修一
印刷　　光陽メディア
製本　　ブロケード
Printed in Japan ©2010
本書の内容の一部あるいは全部を無断で複写複製（コピー）することは法律で
認められた場合を除き、著作者および出版社の権利の侵害となりますので、
その場合にはあらかじめ小社あて許諾を求めてください。
ISBN 978-4-272-40701-9 C8337